新版

1時間でよくわかる

楽しいJA講座

北川太一

家の光協会

はじめに

　みなさんはこれまで、学校で、家庭で、職場で、あるいは地域で、何人かで力を合わせてなにかに挑戦した経験があると思います。みんなで目標を決めて取り組み、力を一つにして実現させたときの達成感は、忘れることができませんね。逆に、がんばったのにうまくいかなかった経験もあるでしょう。そんなときも、みんなで活動を振り返り、「少しやり方を変えてみよう」とか、「こういう人に協力してもらおう」などの意見が出てくれば、次の機会に活かせます。

　このように複数の人が力を合わせることで、一人ではできないことを実現するのが協同であり、わたしたちの暮らしや地域社会をよりよくしていくための取り組みが、協同活動です。いま、協同の考え方が、地域で、日本で、そして世界じゅうでたいせつなものとして見直されています。東日本大震災をはじめとする自然災害・事故を契機に、協同の重要性に関心が集まりました。災害現場では、被害に遭った人たちのために、ＪＡをはじめさまざまな協同組合が支援活動をし、協同のネットワークが大きな力を発揮しています。

　ＪＡは、こうした協同活動を担う協同組合ですが、残念ながら、地域やテレビＣＭでＪＡの文字を見る機会はあっても、協同組合として意識することは少ないかもしれません。一見すると、一般の企業と変わらないように感じます。しかしＪＡは、協同組合としての理念をたいせつにし、組合員や役職員、ときには地域住民も力を合わせることで、事業や活動を展開しています。

本書は、ＪＡが持つ協同組合としての特徴や仕組み、役割について解説するものです。「ＪＡっていったいなに？」という人はもちろん、「なんとなくＪＡのことはわかっているつもりだけど」という人、「ＪＡや協同組合のことは以前に勉強したことがあるけれど……」という人も、ぜひ、本書の扉を開いてほしいと願っています。

本書に登場する〝おむすび家〟は、米とイチゴを栽培する専業農家で、地元の〝ＪＡトマト〟の正組合員です。三か月前に、長男のゴマ助さんの家族が都会からＵターンしてきたのですが、非農家に育ち農業とはほとんど縁がなかった嫁のウメ子さんの目には、ＪＡが不思議な存在に映っているようです。本書では、ウメ子さんが抱く数々の疑問に、わかりやすく、やさしく答えていきます。しだいにＪＡへの理解を深めていくウメ子さんの姿も楽しみに、気軽につき合ってもらえるとさいわいです。

二〇一四年に世に出た本書は、おかげさまで多くのＪＡの現場で活用いただきました。新版にあたっては、これまでの内容を加筆・修正するとともに、とくに第3章では、第三十回のＪＡ全国大会の内容や国消国産、ＳＤＧｓや地域共生社会の取り組みなど、新しいトピックについても記述しました。ＪＡ組織はもちろん地域の人たちを対象とした学びの場で活用していただければ望外の喜びです。

目次

第3章　これからのＪＡ

〈主な参考文献・資料〉

・日本協同組合学会訳編『西暦２０００年における協同組合［レイドロー報告］』日本経済評論社、１９８９年
・日本農業新聞編『協同組合の源流と未来 相互扶助の精神を継ぐ』岩波書店、２０１７年
・全国農業協同組合中央会編集・発行『私たちとＪＡ―ＪＡファクトブック―12訂版』２０１９年
・全国農業協同組合中央会・ＪＡ全国女性組織協議会編集・発行『あなたが主役 みんなが主人公 ―ＪＡ女性読本―』２００３年
・一般社団法人日本協同組合連携機構編集・発行『新 協同組合とは〈五訂版〉そのあゆみとしくみ』２０２２年
・北川太一・柴垣裕司編著　全国農業協同組合中央会編集・発行『農業協同組合論 第４版』２０２２年
・一般社団法人日本協同組合連携機構編集・発行『協同組合ハンドブック』２０２２年
・日本協同組合連携機構２０２５国際協同組合年サイト
https://www.japan.coop/wp/16082（２０２４年10月23日確認）

〈スタッフ〉

●表紙イラスト・本文イラスト・マンガ／中小路ムツヨ
●装丁・本文デザイン・ＤＴＰ製作／ニシ工芸
●校正／ケイズオフィス

第1章

ＪＡってどんな組織？

①

JAってなに?

おむすび家は七人家族
コブ平(65)
ミソエ(63)
ゴマ助(39)
ウメ子(35)
シラス(1)
タラ子(4)
タカナ(7)
米とイチゴを栽培する専業農家
ある日のおむすび家……
みんな出かけちゃったね
さてと 洗濯しようかな でもちょっとだけ 韓流ドラマ 観ちゃお♪
ピンポーン ピンポーン こんにちはー
はーい もー いいところなのにぃ
JAですけど コブ平さんいらっしゃいますか?
?
いま出かけてまして…
ではこちらを お渡しください また伺います
JA
わかりました
いまの人 JAとか 言ってたけど JAって なんだろう?

ＪＡの正式名称は、農業協同組合

おむすび家のウメ子さんが疑問に思ったＪＡとは、Japan Agricultural Cooperatives（日本の農業協同組合）の略称です。以前は、農協という用語を使い、例えば○○農協とか系統農協と呼んでいましたが、現在ではＪＡ○○、ＪＡグループというように使っています。

ただし、ＪＡというのは、あくまでニックネーム（愛称）で、正式名称は農業協同組合であることを忘れてはいけません。ＪＡは、国や市町村などの公の団体ではありません。また、民間の企業とも違います。協同組合です。

それではいったい、協同組合とはなんでしょうか。それを知るために、まずは、なぜ協同組合が生まれたのか、その歴史をひもといてみましょう。

協同組合は、今から百八十年以上前にイギリスで誕生しました。日本でいえば、江戸時代の末期にあたります。当時のイギリスでは、すでに産業革命が起こっていました。紡績機や蒸気機関が発明され、工場での機械を使った効率的な生産が可能になり、工業の生産力が飛躍的に向上した時代です。資本家・経営者たちは、利潤の追求を最大の目的にして、費用をできるだけ抑えて大量の製品を効率よく生産することに力を注いでいました。こうして経済が発展し、資本主義が誕生したのです。

ところがその一方で、さまざまな社会問題が噴出していました。女性や子どもまでもが長時間働かされ、食料をはじめ生活に必要なものの値段が高騰し、分量・品質をごまかして売る商人や、借り手の資金不足につけ込む高利貸しが横行していました。こうしたことが、労働者・庶民をおおいに悩ませて暮らしを圧迫しました。つまり、百八十年以上前のイギリスでも、労働問題や食品偽装など、現在わたしたちが抱えている問題と同じことが起こっていたのです。

こうした社会状況のなか、一八四四年に世界で最初の本格的な協同組合とされるロッチデール組合が誕生しました。三十人近い労働者たちが協力してお金を出し合い、自分たちの暮らしを守るために、生活に必要なものを共同で調達して、それらをみんなで分け合う仕組みをつくったのです。

ロッチデール組合では、組合の運営に必要なルール（原則）を定めました。そこでは、だれでも自由に加入できる、売買取引はかならず現金で行う、純粋で混じりけのないものしか扱わない、みんなで学習することをたいせつにするなど、今の時代でも変わらない重要事項が取り決められました。

こうして誕生した協同組合は、その後、フランスやドイツといったヨーロッパ各地へ、さらにはアジアも含めて世界じゅうに広がりました。一八九五年にはＩＣＡ（国際協同組合同盟）が発足し、世界各国の協同組合に集う仲間たちが手を結ぶ仕組みができました。もちろん、わたしたちＪＡグループも加盟しています。現在では、協同組合は発展途上国にも広がり、百五か国から三百団体以上の協同組合が加盟し、そこでの組合員数は約十億人となっています。

協同組合は、わたしたちの暮らしを守るためのもの

ロッチデール組合が誕生した理由からもわかるように、協同組合は、わたしたちの暮らしを守るために存在します。そして、すべてを他人任せにするのではなく、自分たちでルールをつくって、考え、学び、工夫し合いながら運営していくところに特徴があります。

つまり協同組合とは、暮らしに関わる、みんながたいせつにしている思いや願い、あるいは困っている悩みや課題を、人と人とが助けあい、力を合わせることによって実現したり解決する仕組みなのです。

「協」という字をよく見てください。文字の右側には、「力」が三つあります。これは人が三人集まって力を合わせていることを示しています。さらに協の字をよく見ると、左側には「十」とあります。つまり「三人が集まって力を合わせ、それを十人分の力にしている」と解釈できます。

農業の収入をもっと増やしたい、健康で生きがいのある暮らしをしたい、食や農業のたいせつさをより多くの人に伝えたいというように、同じ思いや願いを持った人たちが力を合わせることが「協同」であり、そうした人たちの集まり（組織）が協同組合なのです。

②

JAのほかに、どんな協同組合があるの？

漁協、森組、生協、信組ｅｔｃ.

一九〇〇（明治三十三）年に産業組合法が制定され、日本においても本格的な協同組合制度がスタートしました。産業組合は、農村をはじめとする地域の経済振興に重要な役割を発揮しましたが、第2次世界大戦が起こり国家統制的な団体に再編されました。戦争が終わって、こうした団体は解散し、新しく協同組合が設立されました。一九四七年には、農業協同組合法（農協法）が制定されて各地に農協が設立されましたが、その他にも多くの種類の協同組合が法律の制定とともにつくられて、今日に至っています。以下、主なものを紹介します。

漁業協同組合（**漁協：ＪＦ**）：ＪＡと同じく、漁業や林業など第1次産業と関連が深い協同組合として、漁協や後述する森林組合があります。漁協は、水産業協同組合法（一九四八年）の制定によりつくられ、漁民及び水産加工業者が組合員となります。海を中心に活動する沿海地区漁協のほかに河川や湖を管轄する内水面漁協、同一漁業を営む漁業者を組合員とする業種別漁協がありますが、とくに沿海地区漁協は、漁場の利用調整、漁獲物の運搬・加工・保管・販売、漁業に必要な資材の供給、貯金や貸し付けなどの信用事業や共済事業を行っています。また、水産資源の管理や海などの安全確保に努めるのも漁協の重要な役割です。

森林組合（**森組：ＪＦｏｒｅｓｔ**）：一九五一年に森林法が改正されて、協同組合としての森林組合制度がスタートしました（一九七八年には、森林組合法が制定されています）。森林組合には、民有林を対象とする森林組合のほかに、むらの共有林を共同で管理する生産森林組合がありますが、ＪＡや漁協が農業や漁業を営む組合員によって構成されているのに対して、森林組合は森林の所有者が組合員となります。森林組合は、組合員の委託を受けて作業班を組織して森林の施業と整備を行うとともに、木材・林産物の生産や加工・販売などを行います。また、森林の保全活動を通じて、自然災害の防止・復旧や環境保護にも重要な役割を果たしています。

生活協同組合（生協、コープ）：一九四八年に消費生活協同組合法が制定され、消費者を中心とした協同組合がつくられました。とくに、一九六〇年代末から70年代初めにかけて、オイルショックに伴う物価の高騰や食品の安全性が社会的な問題になり、多くの消費者が運動を展開し組合員となって生協がつくられ事業が発展しました。その中心は、宅配事業（グループ・班宅配と個人宅配があり、無店舗事業と呼ばれます）や店舗事業など購買事業を中心に行う地域生協ですが、共済、福祉、葬祭といった事業も展開しています。また、農業生産者や産地のＪＡと交流しながら栽培基準を定めてつくった産物を直接取引する産直事業も活発に行われています。地域生協のほかにも、大学生協、医療福祉生協、住宅生協などがあります。

信用組合（しんくみ）、**信用金庫（しんきん）**、**労働金庫（ろうきん）**：ＪＡの信用事業と同様に、協同組合のしくみを使って金融事業を行う協同組織金融です。ここにあげた三つの協同組合は、中小企業等協同組合法（一九四九年）、信用金庫法（一九五一年）、労働金庫法（一九五三年）というように、組織が依拠する法律が異なります。しかし、いずれも地域に密着しながら、中小企業や起業・創業を志す人たちへの融資、高齢者の資産管理や地域住民の教育・子育ての支援、社会貢献活動など、さまざまな事業を行っています。

中小企業組合：右で述べた信用組合も中小企業組合の一つですが、その他にも、事業協同組合、企業組合、商工組合、商店街振興組合、生活衛生同業組合などが、中小企業組合として存在します。中小企業は地域経済にとって重要な役割を果たしているものの規模が小さいことから、関係する人たちで協同組合をつくって情報共有を行い、経営の資源・ノウハウを出し合いながら共同で事業を展開しています。近年では、加工・販売や介護・子育て支援の活動が生まれつつありますが、組合自体が一つの企業体となる企業組合のかたちをとる例もみられます。

労働者協同組合（ワーカーズコープ）：働く人たちが出資をして、地域で求められている仕事を起こして事業に従事し、みんなで話し合いながら運営を行う、出資・労働・運営が一体となった協同組合です。長年にわたってワーカーズあるいはワーカーズコレクティブと呼称されて活動してきましたが、二〇二〇年に労働者協同組合法が制定されて協同組合として認可されるようになりました。活動の分野は、医療や福祉、教育や子育て、施設の管理、まち（むら）づくりなど多岐にわたっていますが、近年では、農産物の加工や販売、遊休地や耕作放棄地の管理・活用など、食や農に関わる活動も行われています。

③ JAが実現したい思いや願いは？

農、食、地域のことを考える

スーパーの産直コーナーや小学校の農園などを見て、ウメ子さんは、身の回りにＪＡと関係するものがたくさんあることに気付いたようですが、ＪＡがたいせつにしている思いや願いとはなんでしょうか。農協法（農業協同組合法）第一条には、次のように記されています。

「この法律は、農業者の協同組織の発達を促進することにより、農業生産力の増進及び農業者の経済的社会的地位の向上を図り、もつて国民経済の発展に寄与することを目的とする。」

ここで書かれているように、農業協同組合であるＪＡの役割は、農業生産力を高める、農家の農業所得が向上する、地域農業が発展する、といったことへの貢献です。ただしＪＡでは、「農」をより広い意味で考えており、そこには、農地や農村の暮らし・環境、わたしたちが日ごろ口にする食料（食べ物）も含まれています。

実際、ＪＡでは農や食に関連して、さまざまなことに取り組んでいます。農産物直売所（ファーマーズマーケット）を開設して、地域の人たちに地元でとれた新鮮な農産物を提供する、地域の学校に給食用の農産物を供給するといった取り組みは、その一例でしょう。田畑を利用して子どもたちに農作業体験の場をつくる食農教育も実施されています。

食農教育活動の一つとして、あぐりスクールを開設するＪＡもあります。これは、月に一回程度、子どもたちを対象に、農業体験や実習、食の問題を考えるカリキュラムを用意して、ＪＡの役職員や女性組織・青年組織（29ページ）などのメンバーが先生役になって進めていくものです。お年寄りの知恵や技術を借りて地域固有の食文化を次の世代に伝える、あるいは地元の高校生や大学生がボランティアとして関わったりする場合もあります。こうしたあぐりスクールは、多くのＪＡで取り組まれており、このおかげで、ウメ子さんたちもイモ掘りを体験できたわけです。

このようにＪＡは、農業者を応援すると同時に、農業や食のたいせつさを地域の人たちに知ってもらう活動にも力を入れています。それが、長い目でみれば農業や食料問題を理解する人を増やし、将来、地域の農業を支える力になると考えているからです。

わたしたちの願いが集約されたＪＡ綱領

ところで、ＪＡにはＪＡ綱領があります。これは、一九九七年につくられました。綱領とは少し固い言い方ですが、辞書には「物事のたいせつなところ、組織や団体の目的・運動の方法などをまとめたもの」と書かれています。つまりＪＡ綱領には、ＪＡがたいせつにしていることや、ＪＡに関わる人たちの願いが集約されています。それらをＪＡの組合員、役職員が共有し、組織の内外に示しているのです。

ＪＡ綱領は、前文と五つの主文から成り立っており、前文には、次のように述べられています。

「わたしたちＪＡの組合員・役職員は、協同組合運動の基本的な定義・価値・原則（自主、自立、参加、民主的運営、公正、連帯等）に基づき行動します。（中略）このため、わたしたちは次のことを通じ、農業と地域社会に根ざした組織としての社会的役割を誠実に果たします。」

前文からは、ＪＡは農業の問題を中心に据えながら、地域社会とともに歩む存在をめざしていることがわかります。前文に続いて、次のような五つの主文が示されています。

わたしたちは、

一、地域の農業を振興し、わが国の食と緑と水を守ろう。

一、環境・文化・福祉への貢献を通じて、安心して暮らせる豊かな地域社会を築こう。

一、ＪＡへの積極的な参加と連帯によって、協同の成果を実現しよう。

一、自主・自立と民主的運営の基本に立ち、ＪＡを健全に経営し信頼を高めよう。

一、協同の理念を学び実践を通じて、共に生きがいを追求しよう。

とくに、最初の二つに注目してください。農業に加えて、食と緑や水の問題も含めて考えていること、環境、文化、福祉の問題にも取り組みながら、豊かな地域社会づくりを進めていくことが記されています。

このように、ＪＡがたいせつにしている願い、果たすべき役割とは、わたしたちにとってかけがえのない農を守り育み、農業や食の重要性を一人でも多くの人に知ってもらうこと、さらに住みよい豊かな地域社会を築くことなのです。

④ JAは株式会社とどこが違うの？

暮らしの向上をめざす組合員

ＪＡをはじめとする協同組合を構成するのは、組合員（25ページ）です。組合員になるためには、ＪＡごとに決められた額のお金を出資する必要があり、協同組合は、この出資金をもとに事業・運営を行います。

これにたいして、株式会社を構成するのは株主です。株主は、その会社の株式を購入します。では、ウメ子さんが疑問に思った組合員と株主の違いはどこにあるのでしょうか。

協同組合に出資をした組合員は、協同組合がたいせつにしている思いや願いに賛同しています。ＪＡの組合員は、コブ平さんのように営農を含めた暮らしの向上を願っている人たちで、出資したお金から利益を得ようとは考えていません。

一方、株主はできるだけたくさんの利益を得るために、自分が保有する株式の価値が上がることを期待しています。そのため株式会社は、多くの利潤をあげて、少しでも多くのお金を株主に配当できるよう努力します。つまり、株主は投資家です。保有する株式の価値が高まると思えば、そのまま保有し続けるでしょうし、これ以上保有しても価値が上がらないと判断すれば、売却してしまうでしょう。したがって、ウメ子さんが考えたように、株式を売ったり買ったりするわけです。ところが、協同組合に出資する組合員は、投資が目的ではないので、決して株主のような行動はとりません。

さらに、協同組合の組合員には重要な役割があります。それは、自分たちの思いや願いを協同組合の事業や運営に反映すること、言い換えれば、自らが主体的に、いろいろな知恵を出し合い、創意工夫をしながら協同組合の活動に関わることです。

そのため協同組合には、こうしたことを可能にする運営の仕組みが必要です。それが総会と呼ばれるもので、組合員全員が集まって、みんなの意思が事業や運営に反映されるように毎年開かれます。ただし、組合員数が多いと、すべての組合員が集まるのは難しくなります。そこで、組合員の中からあらかじめ総代と呼ばれる人を選び、その人たちが集まって総代会を開催します。近年、ＪＡは合併して組織が大きくなり組合員数も多くなっていることから、総代会を採用するＪＡが多くみられます。

総会（総代会）では、一年間に実施した事業や決算報告を承認し、剰余金（一年間を通じて生み出された利益）の使い方、今後一年間の事業・運営方針などを決定します。さらにそこでは、協同組合の経営に関わる役員（理事など）を選びます。理事は、理事会を構成するメンバーとなり、決められた内容に基づいてＪＡが実際に行う業務を決定し、それを執行する代表理事（組合長、専務、常務理事など）を選びます。

このように協同組合では、構成者である組合員が、自らの意思を反映させるために物事を決定する場に参画し、そこから経営者を選ぶというかたちで運営されているのです。

ＪＡの組合員は、三つの顔を持つ

協同組合と株式会社とでは、物事を決める方法において決定的な違いがあります。それは、一人一票制と一株一票制の違いです。

協同組合は、出資額が多いか少ないかによって議決権に差はありません。これにたいして株式会社の場合は、その会社の株式を多く所有する株主ほど議決権もたくさん与えられます。極端にいえば、株式会社ではその会社の株を半数以上保有すれば、会社の運営を思いどおりにする（乗っ取る）ことができるわけです。いわば、〝多く持つ者が強く、持たざる者は弱い〟という考え方です。

これにたいして協同組合は、人と人とが結びつき、力を合わせるための組織ですから、特定の人の意見のみが通る運営が行われたり、外部の組織に協同組合が支配されたりするわけにはいきません。協同組合では、一人一票制をとることによって、協同組合を構成する組合員の意思が平等に扱われます。人間の組織であることをたいせつにする協同組合と、資本（お金）の組織としての顔を持つ株式会社との違いが、こうした運営方法の違いにあらわれています。

このように協同組合の組合員は、出資をする人であると同時に、運営に参画する人でもあります。さらに、協同組合が行う事業を利用する人でもあります。つまり、出資者、運営の参画者、事業の利用者という三つの顔を持っており、組合員の三位一体性と呼ばれています。

⑤ どんな人が組合員になれるの？

正組合員と准組合員

ＪＡは農業協同組合ですから、おむすび家のような農業者がつくる協同組合です。17ページで紹介した農協法第一条でも、ＪＡは、農業者の協同組織であることが定められています。具体的には、それぞれのＪＡにおいて、たとえば耕作面積が三十アール以上とか、年間の農業従事日数が九十日以上など、農業者としての組合員の資格や条件が定められています。こうした農業者である組合員を、ＪＡでは正組合員と呼びます。

さらにＪＡでは、ウメ子さんの友だちのように、農地を所有せず農業に従事していなくても、組合員になることができます。例えばＪＡが存在する地域に住み、ＪＡの事業（信用や共済、生活店舗や福祉などの事業）を利用することを望み、定められた出資金を払う人たちです。こうした組合員を准組合員と呼び、おむすび家のような正組合員と区別しています。

准組合員制度は、ＪＡのほかに漁協にもありますが、世界じゅうを見渡してもきわめてまれな制度です。ではなぜ、准組合員制度が存在するのでしょうか。

ＪＡは、第二次世界大戦後間もなく発足しましたが、営農関連の事業だけではなく、信用や共済、日用品などを扱う購買事業など、わたしたちの暮らしに関わる多くの事業から成り立っています（47ページ）。当時の農村地域では、ＪＡ以外に生活関連事業を行う業者が存在しない場合が多く、ＪＡの事業は、農家だけではなく一般の地域住民にとっても重要な役割を果たすと考えられました。つまり、ＪＡの事業がなければ、暮らしに困る人たちが数多く存在したのです。また、日本の協同組合制度は、今から百二十年以上も前に誕生した産業組合に始まります。そこでは、組合員の資格は農民に限定されず職業を問わないとしていました。こうした歴史的な背景もあり、准組合員制度が設けられました。

多くの人の思いや願いをＪＡの事業や運営に反映させる仕組み

22ページで述べたように、協同組合では、組合員の声を運営に反映させる仕組みとして、総会（総代会）があります。こうした仕組みにおいて、ＪＡの正組合員と准組合員とでは大きな違いがあります。つまり、総会（総代会）の議決に参加できるのはあくまで正組合員であり、准組合員にはその権利がありません。

こうした准組合員にたいするいくつかの制限は、戦後、農協制度をつくるときに、農協はあくまで農業協同組合であり、農家を中心に運営されることを基本にするという考え方があったからです。

ところで、総会（総代会）は、組合員の声を聴き、組合員の意思をＪＡの事業や運営に反映するための仕組みですが、とくに、総代会制をとっている場合は、総代以外の組合員からも声を聴く必要があります。そこで、多くの組合員の思いや願いを反映するために、ＪＡではいろいろな場が設けられています。

一つは、集落座談会や地区座談会などと呼ばれる集まりで、多くの場合、総代会を開催する何か月か前に、集落や地区を単位に実施されます。ＪＡの役職員がすべての会場を回り、ＪＡの事業・運営の現状や計画について説明し、組合員の意見を聴くことによって、総代会での提案事項に反映されます。また、ＪＡによっては、これらの座談会とは別に、組合員大会や組合員と語る夕べといった会合を開催するところもあります。

もう一つは、支店（支所）運営委員会と呼ばれる集まりです。ＪＡの支店ごとに、ＪＡに関わる人（当該地域の理事や総代、生産部会や女性組織のリーダー、支店担当職員など）が定期的に集まって意見交換を行います。また、毎月決まった日に職員が組合員の家を訪れてその声に耳を傾ける「一斉訪問デー」を設けるＪＡが増えています。

ＪＡによっては、総代会で議決権のない准組合員の声を聴くため、准組合員によるモニター制度を設けたり、支店運営委員会のメンバーに准組合員を加えているところもあります。准組合員を、ＪＡの事業の一利用者としてではなく、農業や食の問題に関心を持つ仲間として位置づけ、その人たちにＪＡがたいせつにしている思いや願いを理解してもらうのは、たいへん重要なことです。

⑥

JAにはなぜいろいろな組織があるの？

同じ意識や関心を持つ人が集まれば、より大きな力を発揮できる

コブ平さんは生産部会、ゴマ助さんは青年部、ミソエさんは女性部に加入しているようですね。このようにＪＡには多くの組織があり、それらを組合員組織と呼んでいます。

組合員組織とは、少々妙な言葉かもしれません。これまで述べてきたように、そもそも協同組合は組合員が出資をしてつくる組織ですから、ＪＡそのものが組合員の組織です。

ではなぜ、ＪＡの中に多くの組合員組織がつくられているのでしょうか。ウメ子さんも疑問に思っていますね。それは、年代や性別、住んでいる地域、栽培作物や農業経営の形態など、同じ意識や関心を持つ組合員が集まることによって、より大きな力を発揮するためです。そのためＪＡには、次のような組合員組織があります。

女性組織（女性部・女性会）

女性組織は、長年にわたって、健康管理や共同購入など、暮らしをよりよくするための活動を行ってきました。近年では、助けあい活動、地産地消や食農教育に関わる活動、さらには、環境問題や子育て支援、フードドライブや子ども食堂支援に取り組むところもあります。また、フレッシュミズとして若い女性たちが活動しているＪＡも多くあります。

青年組織（青年部・青壮年部）

青年部・青壮年部では、農業後継者が中心となって農業経営や政策に関する学習会を開いて営

農改善に役立てており、行政に対して若い農業経営者としての要求を訴える場面もあります。最近では、地域の学校などと連携し、農作業体験や食農教育に取り組むケースも増えてきました。

生産部会（作目別部会）

稲作部会、野菜部会、畜産部会など、栽培・経営している部門ごとに作られる生産者の組織です。作目に関する栽培・出荷計画を話し合い、栽培技術や経営・販売に関する活動を行います。近年では、有機栽培や減農薬栽培など特別栽培農産物を手がける生産者や農産物直売所への出荷者の部会、地域の学校給食に農産物を出荷するための組織もみられます。

集落組織

集落を単位にしたもので、農家組合とか農事組合、生産組合などと呼ばれます。多くのＪＡでは集落組織を単位として座談会が開催され、話し合いが行われます。また、ＪＡからの連絡事項を組合員に伝達したり、生産資材の注文を取りまとめたり、さらには、総代や理事を選ぶ母体になるところもあります。

そのほか、年金受給者による年金友の会、共済事業の利用者からなる共済友の会もあります。また、農業関連施設や生活店舗の利用者がつくっている組織、高齢者が地域活動を行う組織もあり、ＪＡの実情に応じて多種多様な組合員組織がつくられています。

多様なメンバーが集まって多彩な活動を展開する舞台

組合員の期待に応えるための組合員組織には、大きく二つの役割があります。

一つは、ＪＡに組合員の思いを反映することです。農業経営者や女性、青年、そして組合員が居住する集落には、それぞれの思いや悩みがあるはずです。各組織のメンバーに共通する願いや関心も数多くあります。そこで、仲間どうしでそれらを確認し合い、取りまとめ、ＪＡの事業や運営に反映するのです。

もう一つは、組合員がいっしょに活動することです。気の合う仲間どうしで行う趣味・サークル活動、同じ関心を持つ者どうしが集まる学習活動、地域のボランティア活動、さらには、生活用品の共同購入や農産物の共同出荷など、組合員の願いに応じて活動します。

このように組合員組織には、メンバーが組織への参加をとおして意思を形成し、それをＪＡの運営に反映すること、具体的な事業や活動として展開するところに特徴があります。

組合員組織は、組合員がもっとも身近な活動に参加することによって、願いを具体的に実現するための重要な仕組みです。ＪＡ運営の点からみれば、合併後の大きくなった組織においても組合員組織をとおせば、多くの人たちの声を聴くことができます。それをＪＡの事業や運営に反映すれば、より大きな力を発揮することができます。この意味においても、地域の多様なメンバーが集い、組合員組織で多彩な活動が展開されることが、協同組合らしい姿だといえます。

⑦
JA女性組織ってなに?

農村女性の暮らしの改善のために

ミソエさんが加入しているＪＡ女性組織（女性部、女性会などと呼ばれます）の歴史は古く、戦後間もない一九四八（昭和二十三）年頃から各地で農協婦人部が作られました。

当時、農村女性は、戦後の食料増産のために厳しい労働に直面しており、生活環境も劣悪だったことから、少しでも暮らしの質を向上させようと、全国各地に農協婦人部がつくられていきました。

ＪＡ女性組織についてまとめた『あなたが主役　みんなが主人公‐ＪＡ女性読本‐』（二〇〇三年発行）に、一九五〇年代から六〇年代の様子をあらわす次のような記述があります。

「眼病を招くかまどでの煮炊き、〝冷え〟を生む土間での仕事、体を酷使する水汲み、便所からのハエや防火用水からの蚊の発生、望まない妊娠による母体への悪影響や家計への負担など、改善すべき課題は山積みでした。このようなとき、煙を外に排出する改良かまどの作り方を学び、仲間で一斉害虫駆除や『家族計画』に取り組むなど、成果が確実に出る対策を実践する農協婦人部の活動は、多くの女性にとって魅力あるもので、加入が急速に進みました」

こうして農村の暮らしの改善を共通の願いとして、多くの女性が農協婦人部に集まり、一九五九年には、全国の農協婦人部員がカンパをしながら、映画『荷車の歌』を自主制作し、全国各地で上映しました。

安全な食料、安心な暮らしを求めて

一九六〇年代から七〇年代にかけて、日本は高度経済成長期を迎えます。しかし、生活が便利になる一方で、公害問題や環境問題が深刻になっていきました。農協婦人部では、こうした問題から暮らしを守るために、組合員の要望が反映されたエーコープマーク品の学習・愛用運動や、合成洗剤を環境にやさしい粉石けんに切り替える運動を積極的に進めました。

一九七〇年代の二度にわたるオイルショックは、それまでの高度経済成長に終わりを告げ、わたしたちの暮らしの問題を見つめ直す契機となりました。農協婦人部では、部員一人ひとりが家計簿記帳をすることによって、家族の生活実態と課題を明らかにし、冠婚葬祭の簡素化や健康管理活動、生活設計活動に取り組みました。

一方、農業・農政面では大きな転機が訪れました。とくに、一九八〇年代後半から九〇年代にかけては、牛肉やオレンジに代表される農畜産物の輸入自由化が進み、食をめぐる構造が大きく変化しました。農協婦人部では、いち早く輸入農産物の安全性問題を取り上げ、港湾施設に出向いて輸入食品の実態に関する視察を行ったり、消費者と手を結んで食の安全のたいせつさを訴えました。また、現在の農産物直売所につながる農産物自給向上運動や、福祉（介護）事業の基盤となった助けあい活動が展開したのも、このころです。

国際的な取り組みも、積極的に行われました。「『世界の協同組合の子どもにきれいな水を』十円玉募金運動」（一九七九年）、「アフリカ飢餓救済募金運動」（一九八五年）、「クッキングフェスタ in KOREA」（二〇〇一年）などです。

一九九五年には、「婦人」を「女性」の名称に変更し、新しい「ＪＡ女性組織綱領」が定められました。そこでは、次のように記されています。

一、わたしたちは、力を合わせて、女性の権利を守り、社会的・経済的地位の向上を図ります。

一、わたしたちは、女性の声をＪＡ運動に反映するために、参加・参画を進め、ＪＡ運動を実践します。

一、わたしたちは、女性の協同活動によって、ゆとりとふれあい・たすけあいのある、住みよい地域社会づくりを行います。

さらに、健全な食と農を次代に引き継ぐために、次のような運営のルールを「ＪＡ女性組織五原則」として定めています。

一、自主的に運営する組織です。

二、こころざしを同じくする女性の組織です。

三、仲間を増やし、年代・目的・ニーズに応じた活動を行う組織です。

四、社会に貢献する活動を行う組織です。

五、政治的に中立の組織です。

このように、七十年以上の歴史を持つＪＡ女性組織ですが、そこで貫かれてきた共通の願いは、家族、地域、農、食の問題を、暮らしの視点に立って考えることです。そのためには、一人でも多くの仲間を増やし、活動の輪を広げていくことが求められています。

女性の参画は重要な課題

女性の組合員加入や総代・理事への登用など、ＪＡ運営に女性の参画を進めることも重要な課題です。ＪＡはこれまで、男性中心の組織だったことは否めません。ところが、よく知られているように、農業に従事している人の半分以上は女性です。近年、ＪＡにとって重要な取り組みとなっている地産地消や食農教育、あるいは助けあい活動や介護事業などは、農村女性の活動から生まれたものです。さらに、男性より女性のほうが、支店（支所）の窓口を頻繁に訪れているＪＡもあるようです。したがって、ＪＡの運営に女性が積極的に参画することは、ＪＡの将来にとってもたいへん重要です。

協同組合とは、暮らしに根ざした思いや願いを実現するための仕組みです。暮らしの基本単位としての家族を尊重しつつ、一人ひとりの思いをたいせつにし、個人の能力をおおいに発揮できるような事業や運営をしていくこと、そのためには女性の参画を積極的に進めていくことが、これからのＪＡには必要です。

第2章

ＪＡの事業とは?

⑧ JAの事業にはどんな特徴があるの?

ＪＡの事業はわたしたちの願いを実現する手段

協同組合では、その特性を発揮するために必要な考え方やたいせつにしたい価値、運営のルールなどを「協同組合原則」として定めており、世界じゅうの仲間が共有しています。そこでは、協同組合は、「人々が自主的に結びついた」組織であり、「民主的に管理された事業体」として、わたしたちの願いを充たすことを目的とすると定義されています。つまり協同組合の事業とは、あくまでわたしたちの思いや願いを具体的に実現していくための手段・方法であり、事業を行うことで利益をあげること自体が、協同組合の直接的な目的ではありません。

ところで、わたしたちの思いを実現するために、政府や自治体、身近な人たちにたいして声をあげる、要求をするといった方法があります。ＪＡグループにおいても、「日本農業を守ろう！」とか「豊かな地域社会を築こう！」、あるいは「女性の参画を進めよう！」といったスローガンを掲げて、学習会を開催したり集会を行うなどの活動（運動）を展開する場合があります。ただし、これらの活動にとどまっているかぎりでは協同組合とはいえません。

例えば、おむすび家のような一戸の農家が作る農産物は、市場全体からみるとわずかな量です。生産者の力は弱く、市場では安い価格で買い叩かれてしまうかもしれません。しかし、たくさんの農家の農産物をＪＡで取りまとめれば、量を増やして出荷することができます。すると生産者や産地としての力も強まり、個人で出荷するより高く販売することが可能になります。

あるいは、より新鮮な食料品を購入したい、安全・安心な商品を手に入れたいと願っている人がいるとします。一人の力では実現できませんが、そう願っている人たちが何人も集まれば、共同で生産者から直接購入したり、店舗を構え必要量を取り揃えて利用することが可能になり、みんなが望んでいるものを適正な価格で手に入れることが可能になります。

このように協同組合の事業は、一人ひとりの小さな活動の積み重ねです。農産物を出荷する、商品を購入する、貯金をする、共済の掛金を支払うというように、経済的な行為を束ねることによって有利性を実現し、農業所得の増加や暮らしの向上といった、わたしたちの願いを実現していくのです。

一見すると、ＪＡが行っている事業は、民間企業が行っているビジネスとそれほど変わらないように映るかもしれません。しかし、事業の利用者である組合員は、決してお客さんではありません。組合員が、営農も含めた暮らしを向上させていくために利用するのが事業であり、事業の内容をよりよくしていくために、組合員の声や活動が集約されているのです。こうした意味で、ＪＡの事業は、民間企業が行うビジネスとはひと味もふた味も違います。

ＪＡが営むさまざまな事業

ＪＡの事業には、どのようなものがあるのでしょうか。次ページに紹介します。

販売事業…農家が作った農産物を集めて、卸売市場などに販売します。近年では、ＪＡが直接、量販店や小売店と取り引きするケースも増えてきました。
購買事業…肥料や飼料、農機具など農業に必要な生産資材や、食料品や日用品、耐久品など組合員の生活に必要なものを計画的に調達・提供します。なお、販売事業と購買事業とを合わせて、経済事業と呼んでいます。
信用事業…組合員が開設した口座を通じてお金を預かり、それを資金が必要な組合員に貸し出し、地域の発展のために運用します。
共済事業…組合員が契約に基づいて支払った掛金を、病気、建物の損壊、自動車事故など不慮の事故に遭ったさいに、共済金として支払います。
営農指導事業…農家の栽培技術や販売に関する指導、営農相談を行います。地域の農業振興計画を立てることや、農業の担い手、集落営農組織を育成することもたいせつな仕事です。
生活指導事業…共同購入や健康管理、料理や趣味などの活動をサポートし、助けあい組織や女性組織などの事務局を担当します。食農教育でも重要な役割を担います。
右に挙げた事業のほかにも、高齢者福祉（介護）事業や葬祭事業に取り組むＪＡもあります。また、都市部やその近郊に立地するＪＡでは、組合員の土地を預かって体験・貸し農園を開設したり、住宅を建設・管理する資産管理事業に取り組むところもあります。

⑨

JAと銀行や保険会社の違いは？

JAバンク ATM
ちょっと待ってて
はーい
今日は野菜がけっこう売れたのよね
ニヤニヤ
JAバンク ATM
おまたせ〜♪
ルンルン
おばあちゃんなにしてるの？
秘密の金庫にお金がいくらあるか確認してるのよ
ただいまー
おかえり
さっきJAの人が来たよこれ置いていった
そろそろタカナも入るころかしらねえ
JAのこども共済
JAって保険もやってるんだ
JA？
おばあちゃんの秘密の金庫がある所だ！
えぇーっと……

おたがいの信頼の上に成り立つ信用事業

組合員がよりよい暮らしを実現すること、それを応援するのが協同組合の事業の役割ですから、ＪＡの信用事業や共済事業も、営農面と並んで重要な事業です。

ミソエさんが利用している信用事業では、ＪＡは貯金を受け入れて、そのお金を資金として貸し付けたり、株式をはじめとした有価証券などで運用しているので、このかぎりでは一般の銀行の業務とさほど変わりはありません。しかし、ＪＡの場合、信用という言葉に象徴されるように、人と人との信頼関係によって成り立つという点に特徴があります。

とくに、不特定多数の一般の顧客を対象とした銀行とは違って、ＪＡの組合員から農産物の販売代金などで得られた収入を貯金として受け入れ、そのお金を組合員の営農改善や生活に必要な資金として貸し付けるという考え方は、相互金融とも呼ばれています。ちなみに、銀行が預金《よきん》（一時的に預かる）という言葉を使うのにたいして、ＪＡでは貯金（生活のために貯える）という言葉を使っています。事業の名称にも、協同組合の事業としての理念があらわれています。

このように信用事業は、組合員のたいせつなお金を預かり運用する事業ですから、もしものことがあってはいけません。そこでＪＡグループでは、都道府県の信連と農林中金も含めた全国のＪＡ組織が一致協力しながら事業の破綻《はたん》を未然に防ぐ仕組みが整えられており、これをＪＡバンクシステムと呼んでいます。

事業の根本にあるのは、共に助け合うという理念

日本の協同組合の発展に大きな影響を与えた人物として、賀川豊彦（一八八八〜一九六〇年）がいます。彼は神戸市に生まれ、幼いころに両親を亡くしました。病弱であるにもかかわらず人を救うことを志し、神戸をはじめとして各地で活動を行った功績は、シュバイツァー、ガンジーと並ぶ世界三大聖人として称賛されています。

賀川は、農協や生協の購買事業の原形である購買組合や医療組合、農民組合の結成にも尽力するなど、今日の協同組合の原点を築きました。彼はまた、協同組合運動以外でも、宗教、文学、哲学、政治経済などさまざまな領域にわたって著書を残しており、数多くの分野に大きな影響を与えました。

賀川がとくに力を注いだのが、共済事業です。戦後にスタートした農協の共済事業は、民間企業が行っている保険にあたるものです。ただし、共済事業の考え方は、民間の保険とは大きく異なります。

共済というのは、共《とも》に救い合うという意味です。そのため、不特定多数のお客さんではなく、JAの仲間である組合員の暮らしを守るために、組合員自らが共済の掛金をJAに支払って契約を結びます。そして、組合員が万が一の事故や災害に遭ったとき、組合員に共済金が支払われるのです。一九九五年一月の阪神・淡路大震災や二〇一一年三月の東日本大震災をはじめ自然災害

が起こったさいには、ＪＡの共済事業が大きな力を発揮しました。また、ＪＡの共済事業は、早くから生命共済（病気時や死亡時などの保障）と各種の損害共済（自動車事故や火災などへの保障）の両方を取り扱っており、組合員家族の生活設計（ライフプラン）に合わせて、総合的に対応できるところに大きな特徴があります。

事業の内容だけ見ていると、ＪＡの信用事業や共済事業は、一見、民間の銀行や保険会社とほとんど変わらないようにも思えます。しかし、事業の根底には、おたがいを信じ合い、救い合う精神が宿っているのです。

信用事業や共済事業のほかにも、介護を必要とする高齢者の支援や高齢者の生きがいある暮らしを応援する高齢者福祉事業、疾病の予防・早期発見のための健康診断や相談・栄養指導などを行う保健事業、病院・診療所などの運営を行う医療事業などがあり、これらは厚生事業と呼ばれています。また、葬祭事業として、葬祭会館（斎場）を設立して葬儀を行うＪＡもあります。

かねてよりＪＡグループでは、「ＪＡ健康寿命１００歳プロジェクト」に取り組んできました。これは、運動、食事、健診・介護・医療を通じて、健康寿命を延ばし、ゆとりと生きがいのある暮らしを実現しようという取り組みです。まさにＪＡの事業は、ゆりかごから墓場まで、わたしたちが幸せな生涯を送ることができる社会をめざしているのです。

⑩ JAがたくさんの事業を営む理由は？

さまざまな事業を営む総合農協

ＪＡでは、販売、購買、信用、共済、営農指導、生活指導など、多くの事業を展開しています。このように多くの事業を営むＪＡは、総合農協と呼ばれています。おむすび家も、営農指導や共済などさまざまな事業を利用しているようですね。

それでは、なぜＪＡは、総合農協の形態が中心になっているのでしょうか。それは、日本の大部分の農家が、家族を基盤とした家族経営であることと関係しています。

家族経営というのは、自分たちの持つ農地や機械、家族の労働力などを使って農業生産を行い、収穫した農作物を販売して、現金収入を得る仕組みです。そして、得られた収入を家計に回して、生活に必要な商品を購入したり、貯蓄し共済に加入します。さらには、農業や生活のために必要な資金を借りたり、家族の介護のためにサービスを利用することもあるでしょう。

協同組合であるＪＡの存在目的は、営農のみならず、わたしたちの暮らしを守ることであり、そのための手段として事業を行います。したがって、ＪＡは家族を単位とした農業生産や生活に関わる部分を事業として応援しており、組合員はその事業を利用するわけです。

総合農協のよいところの一つは、組合員の活動がさまざまな事業へと発展していくことです。例えば、いまや農産物直売所の事業は、ＪＡにとってなくてはならないものですが、これはＪＡの女性組織（旧農協婦人部）のメンバーを中心としたさまざまな活動が土台となっています。女性組織のメンバーは、自家用の小さな畑で収穫した作物などを自ら消費するとともに、地域の人におすそ分けしたり、無人市や青空市で消費者に提供していました。また、栽培したダイズをみそに加工することもありました。やがて、地産地消のたいせつさが強調される時代になり、消費者の地元産農産物への関心が高まると、このような地道な活動が、農産物直売所の事業へと発展したのです。

ＪＡの高齢者福祉事業も同様です。ＪＡがこの事業に取り組むことができるようになったのは一九九〇年代以降ですが、その原動力として、女性組織を中心とした助けあい活動の広がりがあります。一九八〇年代の終わりごろから、地域の高齢者への声かけや家事援助などの助けあい活動が始まり、女性組織のメンバーがホームヘルパーの資格を取得するようになりました。そこで得た知識や技能を生かすために助けあい組織をつくり、高齢者にたいする活動に発展していきました。この活動が土台となり、ＪＡの高齢者福祉事業が本格化していったのです。

二〇〇〇年に介護保険制度が導入された結果、要介護者を対象とした支援がＪＡの専門的な事業として行われるようになりました。しかし、国の制度だけでは高齢者の生活を守っていくことはできません。ＪＡの助けあい活動は、高齢者の身の回りの援助や食事サービス、声かけ運動やミニデイサービス、高齢者が集える場所を用意するお茶の間活動などを行うことによって、介護保険制度だけではカバーできない役割を担っています。

世界的にも珍しい総合農協という形態

ところで、こうした総合農協の仕組みは、世界的にみてもきわめてまれな形態です。協同組合発祥の地であるヨーロッパでは、農業に関する事業、例えば、酪農や園芸といった農業の種類別に販売事業などを行う農協が組織されています。このように特定の事業のみを行う農協は専門農協と呼ばれ、総合農協とは区別されています。

日本にも、畜産や園芸部門などで、多くの専門農協があります。ただしそれらは、畜産や園芸が盛んな地域に限られたことです。これにたいして総合農協は、全国各地に存在し、ほとんどの農家は総合農協の組合員となっています。

これまで何度か述べてきたように、協同組合の目的は、組合員の暮らしを守ることであり、そのための手段として事業を行います。組合員が農業生産に安心して取り組み、農業所得を上げて豊かな暮らしができるよう、さまざまな事業を通じて応援することが総合農協たるＪＡの重要な使命です。

国連は、家族農業を人々の生活にとって重要なものであると位置づけ、二〇一四年を「国際家族農業年」と定めました。また、二〇一九年から二〇二八年を「家族農業の十年」としています。家族を基盤とした農業のたいせつさを見直す動きが世界じゅうで広がりつつあり、組合員家族の営農と暮らしを応援するＪＡの重要性は、いっそう高まっているのです。

⑪ JAの職員に必要なことは？

重要性を増すＪＡ職員の役割

ＪＡでは、いろいろな部門で多くの職員が働いています。

もちろん、これまで述べてきたように、協同組合の主人公は、おむすび家のような組合員です。協同組合が誕生してまだ間もないころは、組織の規模も小さく、組合員みずからが活動し、暮らしの課題解決のために小さく事業を営んでいました。当時は事業の規模が大きくなかったので、とくに専門の職員が存在しなくても、協同組合を運営できたのです。

ところが時代がたって組合員が増え、経済が発展するにつれて、協同組合の事業量も増えていきました。

とくに日本のＪＡは、農業に関わる事業だけではなく、信用、共済、福祉など、多くの事業を行っています。これらの事業は、一般の企業も行っていますから、ＪＡはこうした企業と競争し、そのなかで業績を伸ばし、経営の基盤を安定させなければなりません。したがって、それぞれの事業分野で、専門的な知識や技能を持った職員が必要になります。

農業面の事業でも、地域農業を振興するための計画策定や大規模な担い手経営を対象とした専門的な指導、これまで以上に積極的な農産物の販売が求められていますから、職員の専門性が求められているという点では同じです。

このようにＪＡの職員は、経営方針に即しながら、組合員の力だけでは行うことができない事業の推進業務を担っています。

また、女性組織や青年組織、生産部会などの組合員組織において協同活動を展開していくためには、事務局としての担当職員の役割が重要になります。もちろん、活動の主人公は組合員やそれぞれの組織のメンバーですから、活動内容について職員任せにするのではなく、活動に携わる全員で考え、実行していくことがたいせつです。

そんなとき、活動について相談に乗ったり、必要な情報を提供する職員は、不可欠な存在です。職員は、黒衣《くろご》になって組合員やメンバーの活動を応援する存在といえるでしょう。また、ときには前面に出て活動をリードすることも求められます。

このように考えると、ＪＡの職員は、組合員と並んでたいせつな存在です。協同組合の主役である組合員からみれば、ＪＡの職員はよきパートナーといえるでしょう。

組合員とのコミュニケーションを進めていく

ＪＡ職員の役割は、大きく三つあります。

一つは、営農や信用、共済などＪＡの事業を専門的に遂行する役割です。

もう一つは、組合員の協同活動を応援し、ＪＡがたいせつにしている思いを地域に広めていく役割です。

前者が、事業ごとのいわば縦割り的な位置づけであるのにたいして、後者は、組合員や地域に目線を合わせた横割り（横断）的な役割といえるでしょう。

あと一つは、組合員・メンバーの声を聴き、それをＪＡの事業や活動、組織の運営に生かしていく、いわば組合員とのコミュニケーション（対話）を進めていく役割です。これは、担当している事業に関係なく、すべての職員に求められています。ＪＡ職員は、組合員や組合員組織のメンバー、地域にたいして絶えずアンテナを張りながら、組合員の家庭を訪問したり、事業や活動に携わりながら、みんなの思い（期待、願い、課題）を引き出し、それらを集約することに日々努めています。こうした取り組みは、一般の株式会社ではほとんど行われておらず、協同組合であるＪＡの特色だといえます。

もちろんＪＡは、経営基盤を強化していくために、一般の企業と競争していかなければなりません。そのためには、専門的能力を持った職員、医療でたとえるなら専門医が必要です。

しかしその一方で、ＪＡが協同組合としての特性を生かし、その強みを発揮していくためには、組合員や地域の目線で、わたしたちの暮らしを総合的に応援してくれる職員も必要です。いわば、わたしたちの暮らし全体をひと通りみることができ、組合員の話に耳を傾けて、ヒントを示すといった日常的な対話ができる職員、つまり、かかりつけ医的な役割を果たせる人材もＪＡにとっては不可欠です。

⑫ JAをサポートする連合会・中央会とは？

事業ごとにＪＡを応援する連合会

ＪＡは多くの事業を営んでいますが、地域のＪＡだけではできないこともあります。ＪＡが営む事業を都道府県単位、全国単位で実施すれば、さらに大きな力が発揮できるはずです。そこで、各地域のＪＡを事業や活動ごとに補完・支援する仕組みとして連合組織があり、地域のＪＡと連合組織を合わせてＪＡグループと呼んでいます。

ＪＡ経済連（経済農業協同組合連合会）、ＪＡ全農（全国農業協同組合連合会）

農畜産物の販売・加工事業（共同販売）、飼料・肥料・農業機械などの生産資材や日用品・ガソリン・石油など生活資材の購買事業（共同購入）を行います。近年、都道府県段階と全国との統合が進み、現在では多くのところで全農都府県本部が置かれています。

ＪＡ信連（信用農業協同組合連合会）、農林中金（農林中央金庫）

信用事業（貯金、貸付、融資など）を展開します。とくに近年では、ＪＡ・ＪＡ信連・農林中金が一体となって組合員から貯金として預かったたいせつなお金を運用していく仕組みが構築されており、ＪＡバンクシステムと呼ばれています。多くの都道府県にＪＡ信連が存在しますが、農林中金と統合した県もあります。また農林中金は、ＪＡだけではなく漁協の信用事業を担い、森林組合が行う事業への支援も行っており、第一次産業の協同組合にとって重要な役割を果たしています。

ＪＡ共済連（全国共済農業協同組合連合会）

生命・損害共済による保障提供、審査の引き受け、支払いの査定、共済商品の開発、組合員が払い込んだ共済掛金の運用などを行います。すべての都道府県共済連が全国と統合した結果、全国共済連の都道府県本部が置かれています。

ＪＡ厚生連（厚生農業協同組合連合会）、ＪＡ全厚連（全国厚生農業協同組合連合会）

保健・健康増進事業、高齢者福祉事業、病院経営などの医療事業を都道県や全国段階で行っています。とくに、ＪＡ厚生連が運営する病院は、医療サービスに乏しい地域に存在する場合が多く、地域の医療にとって重要な役割を果たしています。

ここまで説明したように、事業を都道府県や全国レベルで展開する主な連合組織は、とくに連合会（事業連）と呼ばれ、都道府県内のＪＡが会員となって運営されています。

多様な活動を担う中央会

さらに連合組織には、中央会と呼ばれる組織があり、都道府県にＪＡ中央会（農業協同組合中央会）、全国レベルでは、ＪＡ全中（全国農業協同組合中央会）があります。ＪＡ中央会は、都道府県内のＪＡとこれまで説明した連合会が会員となって運営されます。

中央会には多くの役割があります。ＪＡグループでは三年に一度、ＪＡ全国大会（61ページ）を開催して活動方針を定めますが、そのための協議案を会員の意見を集約しながら示すのは、中央会の重要な役割です（ただし、県内1ＪＡのところでは、ＪＡが担う場合もあります）。また、ＪＡの組合員・役職員への教育・研修活動、女性組織・青年組織などの都道府県・全国レベルでの事務局を担うとともに、ＪＡにたいする経営指導なども行います。

さらには、ＪＡグループ内の活動にとどまらず、地方自治体や国と連携して、農業分野における政策を進めています。ＪＡグループに参加する仲間たちの要求を県や国に訴えたり、地域住民や国民に農業や食料問題のたいせつさをアピールする農政広報活動も行います。なお、二〇一六年に「改正農協法」が施行されたのに伴い、ＪＡ全中は一般社団法人に、都道府県のＪＡ中央会は連合会に組織変更されました。そのほか、新聞情報事業を行う日本農業新聞、出版・教育文化活動を進める家の光協会、旅行事業を行う農協観光なども、ＪＡグループの仲間です。

姉妹ＪＡとの協同や協同組合どうしの連携

このように連合組織は、各地域のＪＡと協力して協同の力を発揮していく仕組みですが、そのほかにも、さまざまな連携の方法があります。その一つが、姉妹ＪＡ（ＪＡ間連携）です。

ＪＡでは、県外のＪＡと組合員・役職員の交流を進めているところがあります。例えば、農産物直売所を運営している場合、店に並べる農産品の種類を増やすため、ＪＡの管内では生産されていない農産物を提携するJAから仕入れるなど、事業面で連携する場合もあります。そのほか、農産物の販売金額が大きいJAが集まって研究会を開いたり、同じ悩みや課題を持つJAが学習会を開いています。

また、同じ協同組合の仲間である、漁協、森林組合、生協などと連携するJAもあります。このような取り組みは協同組合間連携と呼ばれるもので、世界的にもその推進が図られています。例えば、漁協と提携して農産物直売所で魚介類を取り扱う、森林組合と提携して環境保全の活動をする、産直と呼ばれる方法を使って、生協が運営する店舗や購買事業の商品としてJAの農畜産物を取り扱うといった取り組みです。

東日本大震災をはじめとする自然災害のさいには、中央会や連合会が情報・物資・人・資金の仲介・調整役を担いながら、全国のJAグループ、さらには協同組合の仲間と被災地とを結び、復旧・復興に向けて大きな力を発揮しました。地域から都道府県、そして全国に張り巡らされた協同のネットワークは、組合員の営農や暮らしを支援するだけではなく、地域のセーフティネット（安全網）としても重要な役割を果たしているのです。

二〇一八年には、地域や社会の課題を解決する連携のプラットフォームになることを目的として、日本協同組合連携機構（JCA）が設立されました。今後は、さまざまな分野で協同組合連携が進み、協同の力が発揮されることが期待されています。

第3章

これからのＪＡ

⑬

JA全国大会の目的は？

～グループとして大きな力を発揮～

食、農、地域を支える「協同の力」

これまで、ＪＡの組織や事業の仕組みなどについて説明してきましたが、それぞれのＪＡが個々バラバラに事業や活動に取り組んでいては、大きな力は発揮できません。そこでＪＡグループでは、三年に一度、ＪＡ全国大会を開催します。この大会では、全国のＪＡの仲間が集まり、わたしたちの思いや願いを確認し、ＪＡが抱えている課題解決をめざして重点的に取り組むべきことについて協議・決定します。これを受けて、大部分の都道府県でもＪＡ大会が開催され、そこで決められた方針に基づきながら、各ＪＡは事業や活動を展開します。したがって、わたしたちはまず、ＪＡ全国大会で決定された内容を知っておく必要があります。

二〇一五年の第二十七回大会のテーマは『創造的自己改革への挑戦〜農業者の所得増大と地域の活性化に全力を尽くす〜』でした。さらに、二〇一九年の第二十八回大会では『創造的自己改革の実践〜組合員とともに農業・地域の未来を拓く〜』、二〇二一年の第二十九回大会では、『持続可能な農業・地域共生の未来づくり〜不断の自己改革によるさらなる進化〜』が決議され、二〇二四年の三十回大会では『組合員・地域とともに食と農を支える協同の力〜協同活動と総合事業の好循環〜』がテーマとなっています。では、なぜいま協同の力が改めて強調されているのでしょうか。それは、現在、わたしたちが直面している経済や社会の問題が、ＪＡが取り組むべき課題と大きく関係しているからです。

協同の力により、行きすぎた新自由主義を克服する

近年、日本も含めて世界じゅうを新自由主義と呼ばれる考え方が席巻しています。これは、個人や企業が自身の利益（私益）を求め、他者と競争しながら自由に経済活動を行えば、個人や企業はもちろん、社会全体にも最大の利益がもたらされるという考え方です。この間、新自由主義の考え方に沿って、企業などの活動を制限しているさまざまな規制を緩和し、国・政府の役割をできるだけ小さくする改革が進められてきました。

もちろん、競争や自由な経済活動が、経済成長の力になったのも事実ですが、それが行きすぎると多くの問題が生じます。例えば、労働や雇用環境の悪化、食品偽装や不祥事の隠ぺいといった企業倫理の欠如、格差拡大などです。こういった状況は、9～10ページでみたように、最初の本格的な協同組合であるロッチデール組合が設立された時代とよく似ています。

協同とは、生産者と消費者も含めたいろいろな立場の人たちが、農業や食料、暮らしを守っていくために手と手をつなぐことです。単に値段が安い、効率よく生産できるといった基準だけで判断するのではなく、人と人との信頼関係をたいせつにし、おたがいが理解・納得し、足りないところを補い合いながら力を合わせることです。そのためには、ＪＡの仲間が自らの手で改めるべきところは改めて、よりよいＪＡをつくっていくことが必要です。組合員の願いを実現するために、ＪＡが農業や地域の特色を生かして創意工夫しながら、積極的に事業や活動を展開し、地

域の農業と暮らしになくてはならない存在になることをめざさなければなりません。第30回ＪＡ大会では、行きすぎた新自由主義による弊害を克服し、協同をたいせつにした組織としてＪＡが積極的な役割を果たしていくために、めざすべき三つの姿を掲げています。

Ⅰ　持続可能な農業の実現

消費者の信頼やニーズにこたえ、食料安全保障の確保に向けて安全で安心な国産農畜産物を環境に配慮しつつ、安定的に供給できる持続可能な地域農業を確立し、農業者の所得増大を支える姿。

Ⅱ　豊かでくらしやすい地域共生社会の実現

さまざまな事業を通じて地域の生活インフラ機能の一翼を担い、活動を通じて多くの人たちと連携し、協同の力で豊かでくらしやすい地域共生社会の持続的発展に貢献している姿。

Ⅲ　協同組合としての役割発揮

次世代や地域の人たちとともに、「食と農を基軸として地域に根ざした協同組合」として健全な経営を行い、役割を発揮している姿。

⑭

農と食の課題を解決するために

～持続可能な農業の実現～

日本の食料と農業が直面している課題

農業は、人が自然に働きかけると同時に、自然からの恵みを受けることで成り立っています。食料生産だけでなく、美しい田園風景や貴重な生き物のすみかの維持につながるなど、多くの役割を担っています。農業は、わたしたちの食や暮らしと結びついた、かけがえのない営みといえるでしょう。ところが近年、わたしたちは、ものの豊かさや暮らしの利便性、効率性を追い求めすぎた結果、農や食に関わるさまざまな問題に直面しています。

戦後、安い外国産農産物が流入したことにより低下の一途をたどった日本の食料自給率は、向上する兆しをみせずに停滞したままです。効率性・経済性を重視した飼養方法も原因となり、家畜のあいだではＢＳＥ（牛海綿状脳症）や鳥インフルエンザなどの病気が広がり、食料の安定供給にも大きな影響が出ました。さらに、食品関連企業による異物混入など、食の安心（信頼）に関わる事件も発生しました。また、外食や中食の増加、加工食品への過度な依存は、わたしたちの食生活を大きく変貌させ、生活習慣病の早期発病の一因にもなっており、健康への影響が無視できなくなっています。

一方、食料の生産を支えてきた農業においても、さまざまな問題が噴出しています。基幹的農業従事者の七十％が六十五歳以上の高齢者で占められ、農業の担い手の減少・高齢化が進んでいます。近年は、原油価格や穀物価格の上昇が原因で生産資材や飼料などが高騰し、生産コストが増していますが、逆に農畜産物価格はそれほど上昇せず、農業所得も低下しています。このことが農業経営者を厳しく圧迫しています。その結果、農地の利用率も下がり、耕作放棄地の増加を招いています。

多様な担い手を育成し、さまざまな人たちによる協同をめざす

日本農業を守り、発展させていくためには、地域農業をリードし、農業からしっかりと所得を確保できる個人や法人、集落営農組織などの担い手を育成することが重要です。

担い手の経営基盤を強化するためには、農地の集積（大規模化）が必要です。そのため、JAの営農指導員やTAC（タック）と呼ばれる地域農業の担い手をサポートする職員たちが、担い手のニーズをしっかりと把握して、大規模な経営を可能にするような省力技術の開発を進めるなど、経営支援に取り組んでいます。さらには、JAがいろいろな事業を営む総合農協である利点を生かして、担い手の経営内容に応じたさまざまな融資も行われています。連合会・中央会とJAとが連携して農業の担い手育成に取り組んでいる事例もあります。

また、担い手の農業所得を向上させるには、販売面での対応が不可欠です。JAや連合会（経済連、全農）は販売戦略をしっかりと立て、担い手の所得向上に貢献することが求められています。近年では、生産だけにとどまらず、収穫後に加工や販売まで行う農業の六次産業化に取り組

む経営体も増えてきました。ＪＡは、こうした経営体を支援するために、加工・業務用の農畜産物の販売にも力を入れ、関連する商工業者と連携を図ることが求められています。

ただし、大規模な担い手だけを支援すれば、農業や農村が守られるわけではありません。生産量は少なくても地域固有の伝統野菜の栽培を続ける人、平日は勤めながら農業を続け農地や水を守っている兼業農家、定年退職した後に農業に汗する人、都会から農業・農村に飛び込む若者など、さまざまな人たちを重要な担い手として位置づける必要があります。そして、農と食をとおして、農業に関わる人や消費者も含めた地域の人たちが、たがいに手を結ぶことが求められています。おむすび家のイチゴハウスを消費者が見学に来たのも、そのための方法の一つでしょう。

農産物直売所（ファーマーズマーケット）を拠点にして地産地消を進めること、食農教育やあぐりスクールに取り組むことによって、子どもたちに農業や食のたいせつさを知ってもらうこともたいへん重要な取り組みです。

持続可能な農業は、多様な担い手・個人が広い意味での農に関わり、次代のために農の価値が守られていくことで実現されます。農と食に関心を持つさまざまな立場の人たちが、地域を舞台におたがいを理解し力を合わせることが必要です。

⑮

「国消国産」を進めるために
～食料安全保障の確立～

先進国で最低の日本の食料自給率

ＪＡグループは、国民が食と農のたいせつさを理解するために、「国消国産」の考え方が浸透することをめざしています。農産物直売所や学校給食の地元産利用など「地産地消」（地域で生産、地域で消費）の活動が行われてきましたが、国消国産とは、これをさらに広げて「国民が必要として消費する食料は、できる限りその国で生産する」ことをいいます。多くの人が食や農の問題を自分ごととして捉え、食と農に関わる事業や活動を展開するＪＡへの共感づくりを醸成しようとするものです。

しばしば指摘されるように、日本の食料自給率は極めて低い状況にあります。食料自給率とは、国民向けに供給される農畜産物・食料のうち、どれくらいの割合が国内産のもので賄われているかという指標ですが、日本の食料自給率（二〇二三年度）は、カロリーベースで38％（生産額ベースで61％）と低く、カロリーベースでは欧米の主要先進国と比べて最低の水準です。また、家畜の餌となる飼料自給率も27％と低く、畜産・酪農の経営は、外国産の飼料に大きく依存していま す。農業生産に必要な肥料の原料（尿素やリン酸、カリウムなど）も大部分を外国から輸入しており、農業経営においても多くの生産資材を海外からの輸入に頼っているのが実情です。

こうした日本の食をめぐる危うい状況は、近年の国際的な紛争やしばしば起こる世界的な異常気象により、その弱さが露呈しました。わたしたちが暮らしていくうえで十分な食料が確保されない、農業生産に必要な資材の価格が高騰し経営を脅かす、食料品価格が上昇し暮らしを圧迫する、といった問題です。地球規模でみても、先進国が経済力に任せて食料を輸入に頼ることは、食料不足状態にある国々をいっそう困らせます。事実、世界で飢餓の影響を受けている人口は、依然として8億人以上存在し、コロナ禍を経てその数値は増加しています。このように考えると、わたしたちは、平時からの食料安全保障（国民一人ひとりが安定的に食料を確保できること）の確立が必要であり、そのためにも国消国産を進めることが重要になります。

拡大する食と農の距離

国消国産を進めていくことの意義は、「食と農の距離」の問題として考えることもできます。古い資料（農林水産省『食料・農業・農村白書 平成十二年）版』に紹介された民間研究機関による調査結果）になりますが、東京都内の小学校五年生から中学校三年生までを対象にして「農業」と聞いて思い浮かぶ絵を描いてもらったところ、魚の絵や野球の絵を描いたり、農業の意味が理解できずに白紙の生徒がいたそうです。こうした状況は、食と農における「心理的な距離の拡大」として指摘されています。つまり、生産者と消費者、農村と都市とのコミュニケーションや交流も含めた共通理解が不足し、都市やまちの人が農業、農村のことを十分に理解していない（もちろん、逆もあり得ます）という状況です。こうした事態に陥っているのは、日本の食料自給率が低く、身近な農畜産物・食品の多くを輸入に依存しているからでしょう。長い時間と距離をかけて届くことが、食の根源としての農を実感できない状況を生み出しています。

食と農の距離が広がっているのは、わたしたちの食事が、外食や中食《なかしょく》（スーパーやコンビニで買った弁当を家で食べる、すしやピザを宅配で注文するなど）、加工食品への依存度を高めていることも理由の一つです。産地で収穫された農産物は幾重もの製造加工・流通の過程を経て、姿や形、味を変えて食卓に届きます。すると食材の原形に対する意識が薄れ、旬を実感する機会が減少し、食文化理解の妨げにもなるわけです。

一九九九年に制定され、二〇二四年五月に改正された「食料・農業・農村基本法」は、食と農を通じた国民生活の安定向上と国民経済の健全な発展を図ることを目的として制定されましたが、そのためには、国や地方公共団体の責務、農業者や事業者・団体の努力と並んで「消費者の役割」（第十四条）をあげ、「消費者は、食料、農業及び農村に関する理解を深めるとともに、…食料の消費生活の向上に積極的な役割を果たすものとする」と明記しています。農業や食料の問題を生産者や産地の問題だけにするのではなく、国民一人ひとりが考えて行動することが求められています。農業現場の最前線に立ち「食と農を基軸とした地域に根ざした協同組合」をめざすＪＡは、食のたいせつさも含めた多面的価値をどう伝えていくのか、生産者はもちろん、食の問題に真面目に取り組む人たちとどう手を繋いでいくのかが、ますます重要になってくるでしょう。

⑯

くらしと地域社会を豊かにするために

～JAくらしの活動による地域の活性化～

新しくできた子育てスペースよかったね
地元の野菜を使った手作りおやつが出たりしてね
女性大学っておもしろい講座もあるみたいよ
○講座
女性大学
JA
こんどウメ子さんもいっしょに行かない？
ぜひ！
数日後
わさわさ
JA
ここここ♥
あれ ここってJA？
あらウメ子さんじゃないかい
あれ～お隣のおじいちゃんどうしたんですか？
週1回ここでカラオケを教えているんじゃよ
へー歌うまかったんだ～

地域社会が抱える問題

今も昔も地域社会では、さまざまな問題が生じています。

例えば、人口の減少や少子高齢化は、将来の医療・年金・福祉などにたいする負担増につながる可能性が高く、不安が拡大しています。都市部への人口流出も続いており、過疎化の進展など、コミュニティの維持・存続が難しくなっている地域もあります。

ただし、これらの問題は、農山村にかぎったものではありません。駅前商店街がシャッター通りとなっていることも珍しくなく、高度経済成長期に建設されたニュータウンでは、居住者の高齢化が進んでオールドタウンになりつつあるなど、都市部も深刻な問題を抱えています。

行きすぎた市場原理主義の結果、地域経済の疲弊も進んでいます。それによって地方自治体の税収は大きく減少しており、自治体の財政が逼迫しています。

さらに、地震や大雪・大雨など自然災害にたいする防災の備えや、災害が起きたさいの支援の仕組みを整えることも必要になっています。しかし、財政難や要員不足に苦しむ自治体の力だけでは、じゅうぶんに手が回らないのが実情です。

このような状況のなか、ＪＡをはじめとする協同組合の持つ地域社会を支える力が注目されています。

「JAくらしの活動」で地域の活性化を図る

ＪＡは原則として事業の実施区域が定められており、地域内の組合員を対象に事業や活動を行います。民間企業のように、経営状態によって一方的に事業を縮小したり、採算が合わないことを理由に地域から撤退したりすることはできません。

そもそも農業は、農地を活用し、そこで農産物を生産する営みですから、ＪＡの構成員である組合員農家は、農地が存在する地域と密接な関係があります。ＪＡは「地域から夜逃げできない」といわれる理由です。

さて、暮らしや地域社会がこうした状況にあるなかで、ＪＡが取り組むべきことはなんでしょうか。それは、もう一度ＪＡ・協同組合の原点に戻って、わたしたち組合員の暮らしを総合的に応援することです。これまで何度も述べてきたように、ＪＡはいろいろな事業を行っています。その理由は、組合員の暮らしには、さまざまな分野があるからです。例えば正組合員は農業生産を行い、農業や勤めから得た現金収入を貯金や共済など、生活の質を向上させ、安心できる暮らしを実現するために使っています。ＪＡは、農業だけでなく、組合員の暮らしをまるごと応援しているのです。

こうしたＪＡの取り組みを、「ＪＡくらしの活動」と呼んでいます。組合員やその家族は、暮らしにたいしてさまざまな願いや期待を抱いていますが、ＪＡはそのニーズに応えていくために、食農教育をはじめ、環境保全、高齢者の生活支援、子育て支援、さらには女性を対象とした女性大学などに積極的に取り組んでいます。また近年では、定年退職後に小規模な農業に取り組む人や、都会から農村に移住する人たちが少しずつ増えています。こうした市民農園や田舎暮らしの支援にも取り組み、地域社会や経済の活性化を図ることも必要です。

こうした活動をとおして、一人でも多くの人をＪＡ・協同組合の仲間として迎え入れ、そのための手段として、ＪＡが既に展開している多くの事業を活用していくことが重要です。

高齢者の生活支援と関連して、助けあい活動の展開も重要でしょう。要介護者を対象にした福祉事業にとどまらず、健康増進や生きがいをつくる活動など、健康長寿社会を築いていくための取り組みが必要です。そのさい、高齢者にたいする食事サービスに女性組織が携わっていけば、地元の農産物を積極的に活用できるでしょう。ほかにも、高齢者の生きがいづくりや都会の人を農村に呼び入れる活動とＪＡの旅行事業との連携、金融店舗（支店・支所）の隣に花屋さんや子育てひろばを併設することも考えられます。ＪＡの事業や施設を有効に使い、地域の人たちの活動とＪＡの事業とが効果的に結びつけば、ＪＡが地域社会に住むみんなの拠りどころ（＝寄るところ）になり、地域社会をより豊かにできるはずです。

⑰

地域共生社会の実現のために ～JAはSDGsの担い手～

世界で注目される協同組合

近年、世界的に協同組合に注目が集まり、その役割への期待が高まっています。例えば、二〇一二年、国連は国際協同組合年（ＩＹＣ）と定めました。スローガンは、「協同組合がよりよい社会を築きます」（Co-operative enterprises build a better world）で、国境の垣根をなくして画一的な考え方が推し進められるグローバル経済が浸透する状況にあって、農業や金融など地域と密接に結びついて事業を展開する協同組合に注目が集まりました。

二〇一五年九月、国連は「我々の世界を変革する：持続可能な開発のための２０３０アジェンダ」を採択し、二〇三〇年までに達成すべき世界共通の目標をＳＤＧｓ（Sustainable Development Goals 持続可能な開発目標）として示しました。そこでは、貧困、飢餓、健康と福祉、教育など17の目標が設定されていますが、協同組合も国家・自治体や民間企業と並ぶＳＤＧｓを実現する重要な担い手として位置づけられています。ＪＡをはじめとする協同組合がめざす社会、事業や活動の実践はＳＤＧｓとは決して無関係ではなく、むしろ長きにわたって取り組んできた内容と一致しています。安全で安心な農と食を育むこと、暮らしや環境をよりよくすること、わたしたちの願いが叶い、やりがい・働きがいのある職場をつくること、多くの人や団体とパートナーシップを結び平和な社会を実現することは、協同組合の共通の願いであり使命でもあります。

二〇一六年には、共通の利益を形にする協同組合の「思想と実践」が、ユネスコ無形文化遺産に登録されました。協同組合が「共通の利益と価値を通じてコミュニティづくりを行うことができる組織であり、雇用の創出や高齢者支援から都市の活性化や再生可能エネルギープロジェクトまで、さまざまな社会的な問題への創意工夫あふれる解決策を編み出している」（二〇一六年十一月三十日、ユネスコ無形文化遺産保護条約第11回政府間委員会）と評価されました。

このように、ＪＡをはじめとする協同組合への期待は、事業を通じてわたしたち組合員の農業や暮らしをよりよくするだけではなく、次世代、次々世代まで受け継がれる持続可能な社会を創るために、重要な役割を果たしていることに注目と期待が集まっています。

農福連携、こども食堂の取り組み

ＪＡグループでは、二〇二一年十月に開催された第29回ＪＡ全国大会で「持続可能な農業・地域共生の未来づくり～不断の自己改革によるさらなる進化～」に取り組むことを決議し、「豊かでくらしやすい地域共生社会」を実現することをめざしています。「地域共生社会」とは、福祉に関係する言葉ですが、支える・支えられる、助ける・助けられるといった一方的な関係ではなく、健常者や障がい者、お年寄りや若者、男性と女性といった違いを超えて、地域のさまざまな人たちがつながり、補い合いながら、よりよい社会を創っていこうとする考え方です。これは、ＪＡ綱領に示されている「農業と地域社会に根ざした組織としての社会的な役割」を果たす（前文）や「環境・文化・福祉への貢献を通じて、安心して暮らせる豊かな地域社会」を築く（主文）の考え方と一致します。

地域共生社会の実現をめざす具体的な取り組み例として、農福連携やこども食堂の活動があり、ＪＡをはじめとする協同組合が積極的な役割を果たしています。

農福連携とは、農業や農村が有する癒しや健康増進効果に注目した活動で、農業経営において障がい者を積極的に雇用し、働く場づくりを行います。ＪＡにおいても農福連携が進みつつあり、例えば、障がいを持つ人たちが、出荷する農産物の収穫や調整作業に従事する、野菜や果実の選果場で働くといった例がみられます。また、ＪＡが仲介役となって、作業従事者を求める農業経営者と障がい者の雇用を求める福祉事業所とのマッチングを行うところもあります。

こども食堂に取り組むＪＡもあります。こども食堂とは、子どもが一人でも行くことができる無料または低料金の食堂です。当初は、家庭の事情により十分な食事を摂ることができない子どもへの食事提供や孤食を防ぐことが主な目的でした。しかし近年では、特定の子どもだけに対象を限定せず、子どもなら誰でも利用できる、その親や地域のお年寄りなども参加できるこども食堂も増えています。ＪＡは、地域の農産物を食材として提供する、遊休施設をこども食堂関係者に貸し出す、女性組織のメンバーが中心となってメニューの企画や調理を担うなど、さまざまな役割を果たしています。

⑱

協同の輪を広げるために

～協同活動と総合事業で仲間を増やす～

組合員の減少・多様化とＪＡ組織の大規模化

ＪＡが協同組合として組合員のため、地域のために積極的な役割を果たすには、仲間を増やし協同の輪を広げていくことが必要です。その理由は、大きく三つ挙げられます。

一つは、日本における農家数の減少です。農家数の減少は、ＪＡの正組合員数の減少を意味します。これまで何度も述べてきたように、協同組合を構成するのは組合員ですから、その組合員が減ってしまっては、協同組合そのものが成り立たなくなります。ＪＡの正組合員数は、今後も農家数の減少に伴って減っていくことが予測されています。

もう一つは、ＪＡの組合員が多様化し、さまざまな人が組合員となっていることです。例えば、正組合員とひとくちに言っても、農業だけで生計を立てている大規模な専業農家もいれば、普段は勤めに出ている小規模な兼業農家もいます。近年では、兼業農家でも集落営農に参加する人が多くなってきました。また、土地持ち非農家と呼ばれる、農地を所有しながらも、農業はほとんど行わずにほかの人に任せている人たちもいます。また、そもそも農家ではない准組合員も増加しています。

あと一つは、ＪＡ合併により、組織の大規模化と施設の統廃合が進んだことです。とくに二〇〇〇年以降は、収支を改善し経営基盤を強化するために、経済事業をはじめとする事業の改革が行われ、支店（支所）など施設の統廃合と職員の合理化（削減）が進められました。

これら三つのことは、ＪＡの事業に多大な影響を及ぼします。まず、組合員数の減少は、事業量の減少につながります。また、組合員の多様化は、従来の事業内容では組合員のニーズに対応しきれないことを意味します。さらに、施設の統廃合や職員の合理化により、組合員の身近なところで事業や活動を行うことが困難になるという影響も出ています。これまでは多くの職員を配置して組合員に手厚く対応してきたＪＡですが、これからはそうした体制を整えることが難しくなっているのです。

何度も述べてきたように、ＪＡの事業は一般の株式会社が行うビジネスとは違います。ＪＡの事業は、そこに集まる組合員の思いや願いを実現していくための手段です。そして、ＪＡ事業の利用者は組合員です。したがって、事業を展開する基盤が弱くなっては、ＪＡ本来の目的を達成することができなくなってしまいます。

総合農協としての強みを活かす

こうした事態を打開するために、複数の事業を営む総合農協としての強みが活かせます。例えば、農産物直売所の利用者が、地域の農業や食の問題に関心を持つようになり、食農教育や加工、野菜栽培等の活動を始めるようになります。あるいは、組合員講座や地域に開かれた学習の場が、受講生自ら地域の農業や暮らしを見つめる機会となり、ＪＡの事業に関心を持つようになるでしょう。このように、ＪＡの事業に関する情報、技術や人材といった経営資源が、いろいろな場面で重なって利用される現象を、「シナジー効果（相乗効果）」と呼びます。信用事業や共済事業、経済事業が個々バラバラに事業を行っていては、それは一般企業と同じになってしまうでしょう。ＪＡの信用事業や共済事業を利用することが、地域の農業振興やわたしたちの食を守ることにつながっているという意識づけも必要です。

たいせつなのは、ＪＡの特性をしっかり理解してもらい、事業を利用するきっかけとしてもらうことです。そのためには、少々遠回りのようでも、協同組合がたいせつにしている学習活動にしっかりと取り組むことが、いちばん確実な方法です。そして、一般企業との違いを認識したうえでＪＡへの組合員加入が進めば、事業を利用する人の増加につながります。

実際、90～91ページでも紹介しているように、正・准を問わず新しい組合員や地域住民向けに、組合員大学や女性大学といった学習の機会をつくるＪＡが増えてきました。このことによって、ＪＡにたいする理解を深め、フレッシュミズ組織の設立や組合員への加入、活動参加や事業の利用につなげています。

学びを中心とした協同活動とＪＡのさまざまな事業利用、これらが有機的に結びついて、協同の仲間の増加につながっていく、これこそが協同活動と総合事業とが好循環している姿といえるでしょう。

⑲ 地域でつながりをつくるために ～身近な支店・支所で活動する～

次世代を担う人たちを仲間に

東日本大震災をはじめとする自然災害や大きな事故を契機に、絆という言葉に関心が集まるようになりました。その結果、人と人とが助け合うことのたいせつさや、わたしたちが暮らす地域社会（コミュニティ）を豊かに育むことの必要性が再認識されています。つまり、おたがいの足りない部分をおぎない合い、さまざまな人どうしがつながり合って生きる、こうした社会を実現することのたいせつさに、多くの人たちが気付き始めたのです。そして、こうした社会は、まさに多くの人々が協同することによって実現できるものであり、そのためにも協同組合であるＪＡに期待が寄せられています。

一方、これまでＪＡを支えてきた組合員の高齢化が進み、世代交代が必要となっている状況のなかで、正組合員戸数の減少傾向は今後も続くと予測されており、協同の仲間を増やしていくことが重要な課題となっています。

そのためには、とくに次代を担う中堅・若手世代や女性に積極的にアプローチをして仲間づくりを進めなければなりません。准組合員も含めたＪＡの組合員とその家族、地域の住民や次代、次々代を担う人たちに食や農の問題に関心を持ってもらい、ＪＡや地域農業の応援団になってもらうことが不可欠です。息の長い取り組みが必要ですが、めざすべきＪＡの姿を実現するうえでも重要な課題です。

身近な支店を中心に、たくさんの人たちがつながり合う

仲間づくりの場として注目されているのが、ＪＡの支店（支所）です。現在、ＪＡグループでは、組合員にとって身近な存在である支店の役割を見直し、組織活動や運営の拠点として位置づけることにより、ＪＡを中心に、さまざまなつながりの再構築を図っています。この背景には、ＪＡの広域合併が進み、事業や経営の合理化により支店が統廃合された結果、組合員や地域住民とＪＡとの距離が遠くなってしまったという反省があります。

その距離を少しでも縮めようと、支店管内の組合員や地域住民が参加・参画し、支店の役職員と一緒になる機会をつくり、地域の課題を解決していく活動が進められています。これらを総称し支店協同活動と呼んでいます。なお、支店というとＪＡによって規模に違いがありますが、現在はおおよそ中学校区規模の範囲が平均的です。

支店協同活動の内容としては、①組合員や地域住民、ＪＡ職員が一緒になって、祭りや健康スポーツ大会などのイベントを企画・実施する、②農業塾の開催や地場産の加工品づくりなど、地域農業に関する取り組みを進める、③組合員や女性組織・青年部などのメンバーが、主体的に趣味、助けあい、学習などの活動を行う、④環境美化や防犯、減災・防災活動など地域を守る活動を行う、といったものが挙げられます。

こうした活動は一過性のものとして終わらせず、組合員や職員が主体となって継続的に取り組

まなければなりません。そのためには、関係者の話し合いに基づいて活動の計画を立てることがたいせつです。また、より多くの人に活動への参加を呼びかけたり、支店だよりを発行して身近な情報を提供することも重要です。

さらに、地域の人たちの意見を取り入れ、ＪＡの事業や運営をよりよくしていくために地区や支店単位で運営委員会を設けるＪＡもみられます。こうした話し合いの場には、ＪＡの役員や職員はもちろん、地域の総代や生産部会、女性組織や青年部のリーダー、ＪＡによっては准組合員が加わっているところもあり、総代会や集落座談会と並ぶ重要な意思反映の機会となっています。

社会的役割への期待が高まるＪＡ

一般の民間企業とは異なる、協同組合としてのＪＡの存在意義と社会的な役割への期待は、今後ますます高まっていくでしょう。こうした期待に応えるためにＪＡは、組合員・地域住民の暮らしを守ること、多様なかたちで地域の農業に関わる人たちを応援し豊かな地域づくりに寄与すること、さらには地域資源や環境保全などの問題に取り組む必要があります。ＪＡの事業や組織は大規模化しました。これからはそんなＪＡの中に、支店協同活動をはじめとする小さな協同の仕組みをつくり、農と食、地域に根ざした協同組合の姿を実現することが求められています。

⑳

これからのJAを担う人づくりのために
～組合員大学・女性大学による学びの活動～

「協同組合は教育に始まり、教育に終わる」

19世紀半ばにイギリスで生まれ、先駆的な協同組合とされるロッチデール組合では、剰余金の一部を教育に充てることが取り決められていたように、「協同組合は教育に始まり、教育に終わる」といわれるほど、協同組合では教育・学びの活動をたいせつにしています。

その理由として、一つめは、変化が激しく先行きが不透明な時代にあって、国内外の社会や経済の動向にアンテナを張る必要があるからです。インターネットやＳＮＳ等多くの情報が溢れている現代にあっては、適切な情報を選択する力が求められるでしょう。

二つめは、ＪＡがたいせつにしていることを確認しながら、事業や活動をよりよくする必要があるからです。ＪＡは、不特定多数のお客さんを対象にするのではなく、組合員・メンバーはＪＡのお客さんでもありません。出資し、事業を利用し、運営に参画するのが組合員です。したがって、ＪＡがたいせつにしている思いや願い、事業や運営の考え方の理解・共有が重要であり、教育・学びの活動を適切に行っていくことは、ＪＡの考え方に共感する仲間づくり、人づくりにつながります。もちろん、教育・学びの活動の重要性は、組合員・メンバーだけにとどまるのではなく、事業を進め組合員の活動をサポートする職員、経営に責任を持つ役員にとっても同様です。

二〇二四年十月に開催された第30回ＪＡ全国大会では、ＪＡの仲間づくりに幅広く取り組むことが決議されました。具体的には、新規就農者の育成・定着を促すなど「農業振興の主人公」である次世代の正組合員を確保すると同時に、直売所や市民農園の利用者、農業ボランティアを行う人や営農面以外のJA事業の利用者など、「農業振興の応援団」である准組合員の拡大です。これらを実現するためには、組合員教育を中心とした仲間づくり・人づくりの展開が不可欠です。

教育・学びの活動の方法は、さまざまです。例えば、協同組合、農業・食料、暮らし、社会・経済全般といったテーマについて、総代や女性組織などのリーダー研修会として行われています。近年では、組合員大学や女性大学といった名称で、月に1回程度の定期的な学習会を開催するJAが増えてきました。そこでは座学だけではなく、体験やワークを行う、環境保全や防災のために地域を歩く、先進的な活動を行っている地域に出かけるなど、楽しめる内容も取り入れながらさまざまな工夫がなされています。

地域住民（消費者）を対象にした教育・学びの活動も重要です。地域共生社会は、地域住民の理解・連携なしでは実現しません。食料・農業問題への理解を促しJAの事業や活動を知ってもらう、次世代、とくに子どもを対象に「あぐりスクール」をはじめとする食農教育を行い、次代を担う人材（JAファン、農業のサポーター）を育てることが必要です。

さまざまな効果を生み出す学びの活動

こうした組合員大学や女性大学、食農教育をはじめとする次世代に向けた学びの活動は、さまざまな効果を生み出すでしょう。第一に挙げたいのは、いろいろな人がＪＡの施設に集まることです。受講生の中には、これまであまりＪＡに関わりを持たない、関心がなかった人たちもいるでしょう。そうした人たちがＪＡの存在を知り、そこに足を運ぶことの意味は大きいと思われます。

次に、ＪＡの賑わいづくりにつながることです。受講生どうしのおしゃべり、講師や担当職員との交流、連れてきた子どもたちの声など、賑わいをつくることで地域の中でのＪＡの存在価値が高まり、拠りどころ（寄るところ）としての役割発揮につながります。あるいは、ＪＡの事業や活動とのつながりができる可能性もあるでしょう。地元産野菜の活用、Ａコープ商品の利用、食や農、ＪＡに関するさまざまな記事の紹介・活用を行うことで、組合員やメンバーに加入する、ＪＡの口座を開く、地域の農業・農産物に関心が生まれて家庭菜園を始めるなどの効果が期待できます。

さらに、こうした活動は職員教育としても有効です。組合員の声を聴き、講座のプログラムを考える、講師を発掘・選定する、自らが講師になって受講生と接する、そしてなによりも、組合員や地域の人たちとの対話を通じてＪＡに対するニーズや思いに接する。このことによって職員自身が考え、気づき、ＪA運営に活かしていくことは、協同組合の特徴である「活動を通した学び」の実践であるといえます。

むすびに

少々古い話を持ち出しますが、一九八〇年にモスクワで開催されたＩＣＡ（国際協同組合同盟）大会において、「レイドロー報告」が採択されました。この報告は、カナダの教育学博士Ａ・Ｆ・レイドロー氏（一九〇七～一九八〇年）が中心になってまとめられたもので、正式には『西暦２０００年における協同組合』というタイトルが冠されています。内容は、二十年先（西暦二〇〇〇年）の内外の環境変化も見通しながら協同組合の将来を展望したものであり、39ページで少し紹介した一九九五年の協同組合原則の策定にも影響を与えました。報告の中身は明快であり、今読み返しても多くの点で納得でき、示唆が与えられますが、とりわけ「将来の選択」として示された協同組合が優先して取り組むべき四つの分野が重要です。

第一は「世界の飢えを満たす協同組合」で、食料の生産や販売での役割はもとより、生産者と消費者の橋渡しを率先して行い、農地を護ることから長期的な食料供給に至る「総合的食料政策」確立の重要性を説いています。

第二は「生産的労働のための協同組合」で、雇用の問題に真摯に取り組み、働く人たちによる協同活動を積極的に評価しながら、協同組合としての事業や運営を進めていくべきだと述べています。

第三は「保全者社会のための協同組合」で、競合企業を意識した価格訴求や広告宣伝のみに頼らず、組合員との緊密な結びつきを重視し、消費欲への追随や資源浪費的な購買行動に歯止めをかけるべきだと主張しています。

そして第四は「協同組合地域社会の建設」で、地域に根ざした事業や活動を展開している日本の総合農協（ＪＡ）を評価し、協同組合は総合力（複数の事業を行っていることの強み）や連携する力を生かしながら、持続可能な地域社会づくりのために国家・行政や民間企業では実現しえない役割を果たすべきだと説きました。

これら四つの優先分野は、貧困や飢餓をなくす、陸の豊かさを守る、働きがいを実現する、つくる責任・つかう責任、住み続けられるまちづくりなど、ＳＤＧｓ（持続可能な開発目標）ともほぼ一致しています。しかし、食料、暮らしや雇用、資源や環境等多くの問題が横たわっている現代社会にあっては、当時、レイドロー報告で描かれた協同組合の将来像の実現は道半ばといえるのではないでしょうか。ますます混とんとする時代に直面する中で、わたしたちはなにをなすべきか。「レイドロー報告」も横に置きながら、今一度、問い直してみる必要がありそうです。

ところで、世界中で協同組合への注目と期待が高まっていることは77～78ページで紹介しましたが、二〇二三年十一月、国連は「社会開発における協同組合」（Cooperatives in Social Development）と題する決議を行い、二〇二五年を二〇一二年に続いて再び国際協同組合年とすることを決議しました。そのねらいは、「協同組合の取り組みをさらに広げ進めるため、また、持続可能な開発目標（ＳＤＧｓ）の実現に向けた協同組合の実践、社会や経済の発展への協同組合の貢献に対する認知を高める」ためとされており、飢餓や貧困の解消、食料の安定供給、女性の地位向上をはじめとする多様な人びとの社会参加、気候変動や環境問題への対応など、ＳＤＧｓの実現をはじめとする社会的な問題解決に向けた協同組合の貢献が、改めて評価されたことがわかります。

国際協同組合年の具体的な取り組みとして、①協同組合のアイデンティティ（存在の目的や価値）について考え学ぶこと、②持続可能な食料生産や消費、安心して住み続けられる地域社会づくり、人間らしく働くことができる場づくり、健康や福祉の向上、省資源やリサイクルの問題など、持続可能な社会を実現するために活動すること、③協同組合の学びや活動を広く社会に発信して協同の輪を広げていくこと、などが計画されています。

これら三つの取り組みはいずれも重要な事がらですが、とりわけＪＡにとっては、③の活動を発信し認知を広げる取り組みが重要です。ＪＡは特定の人たちのみを対象とした団体、ＪＡは地域の金融機関や保険業を営む組織、ＪＡの准組合員は事業を利用するだけのお客さん等々、ＪＡにたいする誤った認識が根強く存在しています。わたしたちは、こうしたさまざまな誤解を少しでも理解に変えていく努力が必要です。そのためには、役職員はもちろん、組合員やメンバーの一人ひとりが、自分自身の言葉で、ＪＡがたいせつにしている思いや願いを発信できる力を持つことが求められます。この点に関して、本書を読み進められたみなさんなら、いろいろな言葉や考えが浮かぶのではないでしょうか。

一人ひとりを尊重し、おたがいさまの心で助け合って生きる。人と人との互恵的なつながりをたいせつにする。経済性や効率性ばかりではなく、お金というモノサシでは測ることのできない価値が尊重される社会をめざす。ＪＡは、日々の事業や活動が組合員の営農や暮らしの向上だけではなく、よりよい地域社会をつくるための基盤になることを組織の内外に広く示していかなければなりません。そのために組合員やメンバーのみなさんは、これまでより一歩も二歩も前に出てＪＡの事業や運営に関心を持ち、みずからの思いや願いを届けて、協同組合らしいＪＡを創ることに努める必要があるでしょう。

今回、新版を発行するという貴重な機会を与えていただいた家の光協会のみなさん、とりわけ、遅れがちな筆者の原稿・校正にたいして辛抱強く対応し適切なアドバイスをいただいた図書編集部のみなさんと、旧版に引き続いて親しみやすいおむすび一家の漫画を描いてくださったイラストレーターの中小路ムツヨさんに、心より感謝申しあげます。

北川　太一

●著者
北川太一　きたがわ・たいち
摂南大学農学部教授、福井県立大学名誉教授。1959年兵庫県生まれ。京都大学大学院農学研究科博士課程単位取得認定退学。鳥取大学農学部助手、京都府立大学農学部講師・助教授、福井県立大学経済学部准教授・教授を経て、現職。
主な著書に、『新時代の地域協同組合 教育文化活動がJAを変える』（家の光協会）、『農業協同組合論』（編著、全国農業協同組合中央会）、『JA組合員のための総代ハンドブック』（家の光協会）などがある。

新版　1時間でよくわかる　楽しいJA講座

2024年11月20日　第1刷発行
2025年 4 月24日　第2刷発行

著　者　北川太一
発行者　木下春雄
発行所　一般社団法人 家の光協会
〒162-8448　東京都新宿区市谷船河原町11
電　話　03-3266-9029（販売）
03-3266-9028（編集）
振　替　00150-1-4724
印　刷　株式会社リーブルテック
製　本　株式会社リーブルテック

ISBN 978-4-259-52206-3 C0061